校园安全与心理安全

鞠萍◎主编

中国大百科全书出版社

图书在版编目（CIP）数据

校园安全与心理安全 ／ 鞠萍编著．－－北京：中国大百科全书出版社，2017.5

（儿童安全大百科）

ISBN 978－7－5202－0042－4

Ⅰ．①校… Ⅱ．①鞠… Ⅲ．①安全教育－儿童读物

Ⅳ．①X956－49

中国版本图书馆CIP数据核字(2017)第073865号

责任编辑：刘金双　王　艳

责任印制：李宝丰

装帧设计：张紫微

中国大百科全书出版社出版发行

（北京阜成门北大街17号　电话：010-68363547　邮编：100037）

http://www.ecph.com.cn

保定市正大印刷有限公司印制

新华书店经销

开本：710毫米×1000毫米　1/16　印张：5.5

2017年5月第1版　2019年1月第4次印刷

ISBN 978－7－5202－0042－4

定价：24.00元

知道危险的孩子最安全

孩子发生意外，很多时候是因为不知道危险。数据统计显示：每一起人身伤亡事故的背后，都有无数个危险的行为。用冰山来比喻：一起伤亡事故，就像冰山浮在海面上的部分，无数种危险的行为就像海面以下的部分。海面上的冰山能够引起人们的重视，海面以下的部分却不易被发觉。殊不知，那才是最可怕的安全隐患，就是它们酿成了一起又一起事故。所以，只有消除"水下"那些潜在的危险，才能保证真正的安全。

安全教育首先要做的是让孩子知道危险在哪里，让孩子避免危险。孩子对危险的认识度越高，就会越安全。《儿童安全大百科》这套书要告诉我们的正是这样一个道理。本套书循着孩子们的生活足迹——家庭、学校、公园（动物园）、商场、运动场、路上、车（船、飞机）上、野外、网络，聚焦了140多个安全主题，以防患于未然为前提，以防止意外事故发生为目标，不仅让孩子认识到身边存在着各种危险因素，还告诉孩子在危险来临时该如何保护自己。

安全包括人身安全和心理安全两个方面。很多安全读本都忽视了儿童心理安全方面的教育，本套书在这方面填补了空白，对儿童在生活和学习中遇到的各种困扰和烦恼，进行了专业的解答和心理疏导，对儿童安全进行了全方位的关照。

如果把各种可能对孩子造成伤害的东西或情形比喻成地雷，那么这套书最大限度地为孩子扫除了生活中的各种"地雷"——从家到学校，从室内到户外，从现实到网络，从天灾到人祸，从生理到心理，是一套分量十足的安全百科。

希望读了这套书的小朋友，能够远离危险，形成自觉的安全意识，从"要我安全"变为"我要安全"。

祝小朋友们每一天、每一刻、每一分、每一秒都安安全全！

校园安全与心理安全

目录

校园安全

心理安全

本书漫画人物简介

他们是谁？

朱小淘

故事里的小主人公，机智、聪明、淘气、自信满满而又常常制造点儿"小麻烦"。

王小闹

小淘的好朋友，憨厚、老实，时不时地冒点儿傻气。

夏 朵

小淘的好朋友，可爱、懂事、善良，是标准的"好孩子"。

打开这本"救命"书，嘿嘿，这么多故事啊，真好看！书中有三个不同性格的小朋友，就像生活中的"你""我""他"，每天做着傻事，也不断在学习新的知识。他们的爸爸、妈妈则是安全的守护天使，护佑着他们健康、快乐地成长。

现在，我们来认识一下故事里的主要人物吧！

闹闹妈妈

对闹闹要求很严格，其实很关心闹闹。

小淘妈妈

时刻关心小淘的生活，是位称职的好妈妈。

小淘爸爸

风趣幽默，深受小朋友们喜爱。

1. 在教室时

教室是同学们停留时间最长的校园场所，因为学生集中，存在的各类安全隐患也特别多。

安全守则

★ 不要乱动教室里的电器，使用电器或者打扫教室卫生时要远离电源，以防触电。

★ 不要在教室中追逐、打闹、做运动和游戏，以防磕碰受伤。

★ 不要玩耍粉笔、黑板擦等教学用品。

★ 不要拿教室里的劳动工具打闹，不要在教室里玩弹弓、玩具刀枪等危险的玩具，以防伤及自己或他人。

★ 教室地板比较光滑时，要注意防止滑倒受伤。

★ 需要登高打扫卫生、取放物品时，要请他人加以保护，以防摔伤。

★ 不要将身体探出阳台或者窗外，更不要攀爬护栏，以防不慎坠楼。

★ 要小心开关教室的门和窗户，以免夹手。

★ 不要带打火机、火柴、烟花爆竹等危险物品进入教室，杜绝玩火、燃放烟花爆竹等行为。

★ 要小心使用改锥、刀和剪刀等锋利、尖锐的工具，以及图钉、大头针等文具，用后应妥善存放，不能随意放在桌椅上，以防伤及自己或他人。

特 别 提 示

小心开关教室门

　　教室门是同学们进出教室的必经通道，门小人多，意外时有发生，开关门时一定要多加留意：

● 开门时要站在门的一侧，以免与正进门的同学相撞。

● 关门时应注意门外是否有人，以免有人被误伤。

● 推门时动作要轻，以免碰到门后的同学。

● 座位靠近门口的同学，在座位上遇到有人开、关门时，要及时收回手脚，以免被夹伤。

知 道 多 一 点

布置教室应注重"五美"

● 空间美：教室内所有物品的放置应给人以对称、有序的美感。

● 书画美：教室墙壁上装饰恰当的书画作品和名人画像，能使学生得到美的熏陶。

● 整洁美：教室应窗明几净，陈设布置应井然有序，蛛网、杂物等应及时清除。

● 语言美：教室里的警句、格言等应富有哲理，朗朗上口，易被学生理解，忌用"不准""罚"等令学生反感的字眼。

● 色彩美：教室内的整体色彩应尽量统一，注重柔和、协调。

2. 课间活动时

下课啦，快快活动活动，放松一下吧，同时别忘注意安全哟！

校园安全

11

🚫 安全守则 ▶▶▶

★ 课间活动时应当尽量到室外呼吸新鲜空气，舒展一下筋骨，但不要远离教室，以免耽误上课。

★ 课间很多人都出教室活动，门口一般会很拥挤，要小心避让。

★ 活动的强度要适当，不要做剧烈运动，以保证有精力上下一节课。

★ 要及时上厕所，为集中精力听好下一节课做好准备。

★ 不要在走廊内或人多的地方追跑打斗或打球、踢球，不做危险的游戏。

★ 上、下楼梯时不要奔跑，以免踩空，也不要追逐打闹。

★ 上、下楼梯人多时尽量不要弯腰拾东西、系鞋带。

★ 上、下楼梯要和别人保持距离，避免冲撞，防止踩踏。

安全童谣

课间安全歌谣

下课铃声响，依次出课堂；
走廊慢慢走，有序不争抢；
楼梯靠右行，不闹不推搡；
运动要适量，上课精力旺。

3. 擦黑板时

课天天上，黑板就要天天擦。别看这事儿不大，讲究可不少呢。

🚫 安全守则 ▶▶▶

粉笔末是一种对人体有害的物质，擦黑板时要注意防止粉尘进入眼睛或被吸入肺中。

★ 擦黑板时最好用手帕捂住口鼻，不要边擦边说笑，以防将粉尘吸入口鼻。

★ 不要拖拖拉拉，要抓紧时间把黑板擦完，以免长时间处于粉尘环境中。

★ 擦黑板前可以将黑板擦用水稍微浸湿一下，这样可减少粉尘。

★ 站在凳子上擦黑板时，要请其他同学帮忙扶稳凳子，以免摔倒。

4. 擦玻璃时

门窗上的玻璃是房子的"眼睛"，蒙上灰尘就看不清了，还会遮挡光线。擦玻璃是个危险活儿，需要注意什么呢？

🚫 安全守则 ▶▶▶▶

★ 擦玻璃时不要站在叠摞起来的桌椅上面，以防摔倒。

★ 擦高处的玻璃时不要爬上窗台踮着脚去擦，以免发生危险。

★ 需要站到凳子上时，要请同学协助扶稳凳子，以防摔倒。

★ 擦高楼玻璃时不要把身子探出窗外。

★ 对于高处或室外的玻璃，切不可为了干净强行去擦。最好使用专业的擦玻璃工具，既省力又安全。

5. 使用文具时

文具是我们学习的好伙伴，但有时也会成为健康的隐形杀手。

安全守则

★ 要小心使用圆规、小刀等尖锐锋利的文具并妥善放置，以免伤人伤己。

★ 最好不要购买散发香味的荧光笔、水彩笔和橡皮等，这些文具中所含的化学物质对人体有害。

★ 不要含铅笔入口，不要啃咬铅笔，使用完铅笔、蜡笔要洗手，以防铅中毒。

★ 不要掰尺子玩，尺子折断时易伤到人。

★ 不要和同学互相挤射涂改液，以免入眼；也不要把涂改液或修正带滴或缠在皮肤上，以免引起过敏反应。

特别提示

香味文具须慎用

建议同学们最好不要购买、使用香味浓烈的文具，特别是那些无厂家标识的文具，其散发的刺鼻香味大都是用工业原料调制出来的。散发香味的文具大都含有甲醛等化学物质，虽说含量不是很高，但是长期接触，会对人的神经系统和血液系统造成伤害。

使用剪刀要小心

● 千万不要使用锋利尖头的剪刀，应该用钝口圆头的儿童专用剪刀，以免剪伤或戳伤自己。

● 使用剪刀时一定要集中注意力，眼睛看着剪刀，不能一边说笑，一边剪东西，以防戳伤手和眼睛。

● 手里拿着剪刀时千万不要乱晃乱动，以免碰伤其他人；也不要拿着剪刀四处奔跑，如果不慎跌倒，它很可能会伤害到你。

● 剪刀在不使用时，一定要放在安全的地方。如果放在插袋里，剪刀头应朝里，以免伤人。

谨防铅中毒

　　铅是一种广泛分布在我们周围的重金属，经常接触铅，会出现一系列的慢性中毒症状，如头痛、头晕、贫血等。印刷品，尤其是彩色印刷品，是重要的铅污染源，所以不要用报纸之类的纸张包东西吃，翻书以后要洗手。油漆也是一种铅含量很高的物品，要小心身边五颜六色的油漆制品，如铅笔和彩色积木，一定不要啃咬铅笔。有些食品的含铅量也很高，如松花蛋、爆米花等，平时要少吃或不吃。另外，汽车排放的尾气中也有大量的铅。

校园安全与心理安全

校园安全

6. 上体育课时

体育课是锻炼身体、增强体质的重要课程，训练内容是多种多样的，因此安全注意事项也因训练的内容及使用的器械不同而变得复杂。

★ 上课前要做一些热身运动，以防运动时关节、肌肉及韧带扭伤或拉伤。

★ 上体育课要穿运动服和运动鞋，不要穿塑料底的鞋或皮鞋，课前要检查鞋带是否系紧了。

★ 上衣、裤子口袋里不要装钥匙、小刀等坚硬、尖锐锋利的物品。

★ 不要佩戴胸针、耳环、发卡，以及各种金属或玻璃装饰物。

★ 患有近视的同学，尽量不要戴眼镜上体育课。如果必须戴，做动作时一定要小心谨慎；做垫上运动时，必须摘下眼镜。

★ 学习新动作时，要认真听老师讲解动作要领，以免因动作不规范而受伤。

★ 剧烈运动后要做相应的放松运动，以免肌肉一直处于紧张状态而出现不适。

★ 要留心并小心使用体育场上的各种器械，不要使用已经损坏的器械。

★ 不要随意表演高难度动作，以免发生危险。

★ 患有疾病或者身体不适的同学不要进行剧烈的体育运动，处于生理期的女同学要避免大幅度或者震动大的跑跳运动，也不要进行增加腹压的力量训练。

★ 出现突发性疾病或意外时，要立刻向老师报告。

特别提示

各运动项目安全防护

● 短跑：要在自己的跑道上跑，不能串跑道。特别是快到终点冲刺时，更要遵守规则，因为这时人身体产生的冲力很大，精力又集中在竞技上，思想上毫无戒备，一旦相互绊倒，就可能伤得很重。

● 跳远：必须严格按老师的指导助跑、起跳。起跳前，前脚要踏中起跳板；起跳后，双脚要落入沙坑之中。

● 投掷训练：如投掷铅球、铁饼、标枪等，一定要按老师的口令行动。这些体育器材有的坚硬沉重，有的前端有锋利的金属头，如果擅自使用，就有可能伤及他人或者自己，甚至危及生命。

● 单、双杠和跳高训练：器材下面必须准备好厚度符合要求的垫子，如果直接跳到坚硬的地面上，会伤及腿部关节和后脑。做单、双杠运动时，要采取各种有效的方法，使双手提杠时不打滑，以免从杠上摔下来，使身体受伤。

● 跳马、跳箱等跨越训练：器材前方要有跳板，器材后方要有保护垫，同时要有老师和同学在器材旁站立保护。

7. 参加运动会时

同学们参加运动会时都会热情高涨，但运动会的竞赛项目多，运动强度大，参加人数多，一不留神就可能受伤。可不要把这个欢乐的日子变成悲伤的日子哟！

安全守则

★ 要遵守赛场纪律，服从调度指挥。

★ 没有比赛项目时不要在赛场中穿行、玩耍，要在指定的地点观看比赛，以免被投掷的铅球、标枪等击伤，也要避免与参加比赛的同学相撞。

★ 参加比赛前要做好准备活动，以使身体适应比赛。

★ 在等待比赛的时间里，要注意身体保暖，适当添加外衣。

★ 临赛前不可吃得过饱或者过多饮水，可以吃些巧克力，以增加热量。

★ 比赛结束后，不要立即停下来休息，要坚持做好放松运动，例如慢跑等，使心跳逐渐恢复正常。

★ 剧烈运动后，不要马上大量饮水、吃冷饮，也不要立即洗冷水澡。

8. 上美术课时

美术作品让人赏心悦目，不过美术课上也存在着很多安全隐患。

安全守则

★ 不要把彩泥放入口中或用沾染彩泥的手指去揉搓眼睛，以防中毒或伤害眼睛。

★ 不要把颜料涂抹到自己的皮肤上，也不要让颜料进入眼睛，因为颜料中的化学成分对人体有害。

★ 要谨慎使用并妥善放置剪刀、裁纸刀、泥塑刀等尖锐锋利的工具，不用的时候不要把它们拿出来随便挥舞和玩耍，以免伤己伤人。

★ 一旦出现颜料入眼或者被划伤等意外，要立刻报告老师，及时处理并就医。

 # 9. 上实验课时

实验课，也是动手课。不过你的手可不能乱动哟，否则会制造一大堆的麻烦。

★ 要听从老师的安排，严格按照程序做实验。

★ 不要乱动实验室里摆放的物品，更不要私自把它们带出实验室。

★ 不要随意触摸和打开各种试剂，不要随意混合和泼洒它们，也不要用舌头舔尝，以防中毒。

★ 使用酒精灯时，务必用灯盖灭火，禁止对接点火。

★ 做生物实验，如制作标本、解剖动物时，应注意不要被刀、剪刀等锐利的工具割破或刺伤手指。

★ 实验中的玻璃切片、标本等要用镊子拿放。

★ 做完实验要随手关闭电源、水源、气源，妥善处理残存的实验物品，及时清理易燃的纸屑等杂物，消除各种隐患，并洗净双手。

✚ 紧急自救 ≫≫

● 如果化学试剂不慎入眼，应立即用清水冲洗眼睛。

● 如果化学试剂溅到皮肤上，可先用毛巾擦拭，再用清水进行冲洗。

● 如果是强腐蚀性溶剂不慎入眼或溅到皮肤上，应告知老师做紧急处理。

🎼 10. 上音乐课时

　　爱听歌、爱唱歌的你一定喜欢上音乐课，也许你就是未来的歌星呢，那就先把音乐课上好吧！可上音乐课也是有规矩的。

安全守则

★ 要在老师的指导下正确使用嗓子，不要乱喊乱叫，以免损伤声带。

★ 正处于变声期的同学，要避免发高音，否则不利于变音，还会损伤嗓子。

★ 不要乱动音乐教室里的乐器，以防损坏乐器或者伤到自己。

★ 上完音乐课，如果嗓子不舒服，应多喝些白开水，或者含些润喉糖。

11. 吃东西时

　　俗话说，病从口入。在家里，有爸爸、妈妈守护你的饮食安全；出了家门，你可要自己当心啦。

安全守则

★ 不要吃校园周边无证小摊贩出售的食品，因为这些食品没有安全保证。

★ 不要吃校园内商店和小卖店等出售的过期和三无包装食品。

★ 不要因为不喜欢学校的饭菜而到校外的餐馆就餐，这些地方卫生没有保证，且人员复杂，很不安全。

★ 在校园里还要预防集体食物中毒，如果发现学校的食物味道可疑，身边的同学进食后出现异常反应，应立即停止用餐并报告老师。

12. 身体不舒服时

人体就像一台机器，总有闹毛病的时候。闹毛病不可怕，怕的是毛病来了不知所措。感觉难受了，该怎么办呢？

安全守则

★ 身体不舒服，要及时告诉老师或同学。病情轻微的，可以去学校医务室查明原因并治疗。

★ 病情严重时要通知家里人，去医院做全面的检查和治疗。

★ 不要因为怕落下功课或者不好意思而隐瞒病情或强忍不舒服。

★ 千万不要自己随意乱吃药。

13. 冬季取暖时

冬季很冷，你所在的地方是靠暖气取暖，还是靠生煤炉取暖呢？无论采用哪种方式取暖，都有一定的风险，安全防范很重要。

🚫 安 全 守 则 ▶▶▶

用暖气取暖时

★ 不要随意开关暖气阀门调节温度。

★ 不要触碰暖气片末端的跑风（暖气片上的配件，放气时使用），平时移动桌子时也要小心，以免跑风松动或折断造成水气喷漏。

★ 不要在暖气片上放置物品，否则不仅影响散热效果，还可能使物品被引燃。

生煤炉取暖时

★ 一定不要靠近煤炉烤火取暖，这样容易使衣服被引燃而烧伤身体。

★ 不要玩弄火筷、火炭。

★ 不要把鞭炮、废纸、塑料袋等扔到火炉中。

➕ 紧 急 自 救 ▶▶▶

用煤炉取暖时，一旦身上起火，首先要用身边的衣物、笤帚等扑灭身上的火焰，也可以就地打滚。不要乱跑乱叫，同时要尽快脱掉衣服，然后用自来水冲洗或用冰块冷敷烧伤的创面，再用清洁的衣服、被褥包裹身体，并及时就医。

　　进入冬季，很多居所都会打开空调。为了取暖，有的人喜欢将空调温度调得很高。其实，这会导致室内外温差大，忽冷忽热的环境使我们自身对于温度的调节作用失控，容易诱发感冒。专家建议，冬天在用空调调节室温时，室内外温度差控制在5℃～10℃为宜。

　　空调房内的湿度过低也会诱发疾病，应该在室内增放加湿器、绿植或者摆放水盆来增加湿度，每隔四五个小时最好能开窗通风几分钟，让室内补充新鲜空气。

　　天气变冷，很多家庭都用上了暖气，但由于家里暖气过热，孩子和老人习惯性地脱掉衣服，在走出温暖的房屋时，不小心被外面的冷空气冻伤，就会感冒。希望家长在开暖气时，适当调节一下温度，不要过高，这样不利于孩子和老人的健康。另外在内外温差较大时进出房间，要注意及时按需减添衣物，避免因温差过大而感冒。

 14. 同学得了传染病时

　　传染病像一阵风，一旦来了，会席卷一群人。但是不要怕，我们有"防风"措施！

安全守则

★ 不要歧视患传染病的同学，但病发期间要避免与其接触，以免被传染；接触时要戴上口罩，与其保持距离。

★ 要避免接触传染病患者的唾液、呕吐物、粪便、血液及伤口的分泌物，避免触碰患者使用过的学习物品和生活用品，以防交叉感染。

★ 要听从老师和家长的安排，做好消毒隔离工作，必要时应服用、注射预防传染的药物。

15. 和同学发生纠纷时

学校是同学们集体生活的场所，同学之间发生纠纷和冲突在所难免。对于纠纷，重要的是正确面对和处理，千万不要让小纠纷酿成大问题。

安全守则

★ 在校应该团结同学，不要为了小事情互相争吵或拉帮结派；一旦发生矛盾，一定要冷静，做错事要勇于道歉，对别人的错误要学会宽容、谅解。

★ 如果发生矛盾而自己无法解决，应向老师求助。

★ 不要给同学起绰号，不打人，不骂人，不欺负弱小。

★ 发现同学斗殴，不要围观，要远离，以免被误伤，更不能参与打架，应及时报告老师。

 # 16. 交朋友时

　　好的朋友可以成就你的一生，坏的朋友则可能毁掉你的前程。交朋友一定要谨慎。

安全守则

★ 不要结交校内外的不良朋友，以免沾染不良习气。

★ 一旦交上了不良朋友，应该警觉，及时停止交往。

★ 在校受了欺负要及时报告老师，不要请朋友帮忙出气。

★ 一旦遇到朋友做坏事，要制止，劝阻不了要及时报告老师。

★ 在上学和放学的路上，不要随便与陌生人交谈，不能告诉陌生人自己的家庭住址、电话号码等重要信息。

★ 不要随便接受陌生人的礼物，或者搭乘陌生人的车子回家。

42

 17. 和异性交往时

自然界中有红花也有绿叶，人群中有男性也有女性。和不同性别的人打交道，需要注意什么呢？

安全守则

★ 校园交往方式以集体交往为好，交往程度宜浅不宜深。

★ 要把握和异性交往的尺度，交往要自然大方，不要过分害羞或忸怩，也不要过于开放。

★ 一旦对异性产生好感，可以在生活中和学习上互相帮助，不宜有过分亲密的行为或语言表达。

★ 要正确区分友谊和爱情，不要早恋。

 特 别 提 示

正确处理早恋

　　随着身体的发育和社会的影响，少男少女在进入青春期后会产生朦胧的爱情意识，在这个时期接触到比较喜欢的异性，就有可能发生早恋。早恋的危害很大，处理不好，不仅影响学习和生活，身心还容易受到伤害，出现性过失，甚至酿成更大的苦果。

　　人生每个阶段都有各自的使命。儿童阶段应以学习文化知识为主，千万不可操之过急、揠苗助长，让情感的航船过早靠岸。

18. 遭遇性骚扰时

　　身体是自己的，任何人不得随意触碰，尤其是隐私部位。要提高自我保护意识，以免受到性骚扰和性侵害，尤其女同学更要注意。

🚫 安全守则 》》》

★ 要注意自己的着装，不宜穿得过紧、过露，不要向别人暴露自己的隐私部位。

★ 不要让任何人触摸自己的隐私部位，如女生的胸部、男女生的性器官等。

★ 碰到坏人侵犯你的身体时，不要害怕，一定要高声呼救并反抗，并找机会逃脱。

★ 如果无法摆脱坏人，可以击打对方的眼睛和下身，用口咬、用手抓对方的脸部，用鞋跟猛跺其脚背，或用书包、雨伞、钥匙等随身携带的物品自卫。

★ 一旦被侮辱，要尽力保存证据，记清对方的外貌特征，留取对方留在自己身体和衣物上的证据，及时报警或告诉家长，以防自己再次受害或他人受害。

！ 特 别 提 示

这些行为属于性骚扰

● 身体的接触：不必要的接触或抚摸他人的身体，故意触碰，强行搭肩膀或手臂，故意紧贴他人等。

● 言语的冒犯：故意谈论有关性的话题，把别人的衣着、外表和身材等与性联系起来讨论，故意讲色情笑话、故事等。

● 非言语的行为：故意吹口哨或发出亲吻的声音，身体或手的动作具有性暗示，用暧昧的眼光打量他人，展示与性有关的物件，如色情书刊、海报等。

♥给家长的话

　　多数儿童的性保护知识匮乏，不懂什么是隐私部位，所以遇到性侵犯时不能正确判断，无法自我保护。家长大多谈性色变，不知如何科学、正确地配合老师开展家庭性教育。希望家长能正确认识、正确看待不同年龄段孩子的性教育，要适度地向孩子普及性知识，引导孩子树立正确、健康的性观念。

　　在这里尤其要提醒家长：虽然儿童性骚扰是一个较为隐蔽的社会问题，但是随着社会的日益开放，这个问题应该受到重视。某心理工作室曾对150名女青年心理求询者的早年经历做过调查，发现其中近三分之一的人在童年至青春期早期曾受到不同形式和程度的性骚扰，这个比例出人意料也令人担忧，因此家长们要高度重视这个问题，要善于做孩子们的知心朋友，教育孩子加强防范，遇到问题要及时告诉家长，以便及时解决，不留后患。

校园安全

19. 遭遇校园暴力时

　　如果校园里出现了违法乱纪、称王称霸的不良分子，他们使用暴力欺压同学，会使我们的身心受到伤害。遇到校园暴力时，你知道该怎么应对吗？

安全守则

★ 面对校园不良分子辱骂、威胁或挑衅时，千万别逞能，要学会随机应变，冷静地想办法脱身，然后告诉家长或老师。

★ 被校园不良分子敲诈勒索或者伤害后，不要默默忍受，要及时告诉家长或老师。

★ 如果力量单薄，要尽量避免与对方发生正面冲突，可先稳住对方或满足对方的部分要求，以免受到严重伤害，事后要及时向老师和家长报告。

★ 千万不要和对方"私了"，不要私下一个人和不良分子见面，以免受到长期纠缠或被伤害。

★ 在上学和放学时，最好和同学结伴而行，这样遇到危险时可以互相帮助。

特别提示

向一切暴力说"不"

校园中有些老师也会对学生做出体罚等暴力行为。如果有老师向你施暴，不要因为他是老师而感到害怕，一定要及时告知学校或家长。

20. 使用电脑时

　　电脑给我们带来了极大的快乐与方便，但是，"电脑病"却是21世纪威胁人类的一大杀手。长时间使用电脑，不仅影响人的视力，而且影响身体健康。虽然不接触电脑已不可能，但我们可以采取有效的措施预防电脑给我们带来危害。

🚫 安全守则 ▶▶

★ 使用电脑一定要适度，做到劳逸结合。每次在屏幕前浏览最好不要超过半个小时，每隔一段时间最好活动一下筋骨，到户外呼吸一下新鲜空气。

★ 操作时坐姿要端正、舒适，眼睛要和屏幕保持合适的距离。

★ 使用电脑时光线要适宜，屏幕设置不要太亮或太暗，房间里的光线也不能太暗，以免对眼睛造成伤害。

★ 每次用完电脑后，要用清水洗手、洗脸，以减少电磁辐射。

💻 21. 玩电脑游戏时

你的父母反对你玩网络游戏吧？都是那些不良网络游戏惹的祸！其实网络游戏有利有弊，但一定不能沉溺其中。那么要怎么玩儿才不会伤害到自己，父母也不会反对呢？

🚫 **安全守则** 》》》

★ 要坚决抵制含有色情、暴力等内容的不良游戏。

★ 要学会自我控制，在不影响正常生活、学习的情况下使用网络。

★ 要合理安排玩游戏的时间，一定要适度，不要沉迷其中，玩物丧志。

★ 玩游戏要选择良好的环境。一定不要进网吧，因为很多网吧环境恶劣、空气混浊，长时间处于这种环境会影响身体健康；同时网吧人员复杂，容易出现意外。

♥给家长的话

网络是一把双刃剑。作为家长，既不能因为网络的积极作用而放任不管，也不能因为它的负面影响而一味地阻止孩子上网。要多了解、关心孩子的上网情况，指导他们正确对待网络，为孩子正确使用网络保驾护航。

1. 给孩子推荐一些健康、有益、适合少年儿童进入的网站，同时鼓励他们利用教育网站寻找资源，进行自主学习，如对语文学科感兴趣的同学，可以让他们在网上欣赏佳作。

2. 引导孩子认真学习《全国青少年网络文明公约》，促其懂得是非，增强网络道德意识，并教会他们如何分辨网络中的有害信息，以免他们在网络中"迷失"。

3. 在引导孩子上网时，应避免只围绕学习这一项内容，要善于发现并抓住孩子的兴趣点，引导他往这个方面发展，孩子用于玩游戏和聊天的时间就会少了。

4. 在允许孩子上网的同时，应提出如下要求：

上网的前提条件是必须圆满完成课堂作业和家庭作业；上网时家长会不定时地督促检查，防止其浏览不健康的网页或沉溺于网络游戏；严格控制其上网时间。

5. 在电脑上安装一些具有屏蔽过滤功能的软件，以屏蔽、过滤掉不适合孩子接触和浏览的网站内容。

校园安全

22. 网上聊天时

　　网络是个虚拟的世界，鱼龙混杂，信息真假难辨，稍不留神就会陷入一些圈套，比如许多不法分子会利用网络获取他人信息作案，因此和网友聊天时要高度警觉。

安全守则

★ 尽量不要加陌生网友。

★ 不要轻易向网友泄露个人信息，如电话号码、家庭地址、学校名称以及父母身份、家庭经济状况等隐私问题。

★ 不要把你在网络上使用的名称、密码（如上网的密码和电子邮箱的密码）告诉网友，也不要向网友发送自己的照片，以防被不法之徒利用。

★ 聊天时如果遇到带有攻击性、淫秽、威胁、暴力等内容的话语时，不要回答或反驳，要告诉父母或通知网站工作人员。

23. 被陌生网友约见时

你一定有很多网友吧？对于那些陌生的网友可要多加留意，也许会有不法分子藏匿其中。如果陌生网友约你见面，怎么做最好呢？

安全守则

★ 不要轻信陌生网友的话，最好不要和陌生网友见面。

★ 如果非会面不可，不要自己单独去，可以由父母或其他成人陪同。

★ 如果非会面不可，见面地点最好选择在人多的公共场所，这样遇到突发情况时可以求助于周围的人。

24. 使用QQ时

QQ使用不当会引来被盗的麻烦，很多骗子会利用QQ对被盗者的亲朋好友行骗。所以一定要保护好自己的QQ账号。

★ 要使用复杂、安全性较高的密码，并且定期修改。

★ 不要把自己的密码随便告诉他人。

★ 在登录QQ时，如果系统提醒你的账号出现异常，有可能是号码被盗了，此时要立刻修改密码。

★ 在每次登录QQ的时候，尽量使用QQ自带的小软键盘输入密码，这样会起到一定的防盗作用。

★ 如果是在网吧或者其他临时的地方上网，临走时一定要删除QQ的聊天记录，最好把记载你QQ号码聊天内容的文件夹整个删除，然后清空回收站。

★ 不要随意打开陌生人传给你的文件和邮件，不要轻易上一些陌生的网站。

25. 设置密码时

在网络中，很多时候都需要你设置密码，密码是一道重要的安全屏障。怎样才能设置一个安全的密码呢？

安全守则

★ 为保证密码安全，要设置足够长的密码，密码组合也要复杂点儿，最好使用字母大小写混合外加数字和特殊符号组合。

★ 不要使用与自己相关的资料作为个人密码，如自己的生日、电话号码、身份证号码、姓名简写等，这样很容易被熟悉你的人猜出。

★ 不要为了防止忘记而将密码写在纸上，以防被他人看到。

★ 要经常更换密码，特别是遇到可疑情况的时候。

★ 多个网站最好设置多个用户名和密码，否则丢失一个就丢失全部。

26. 遭遇色情网站时

　　网上有很多色情网站，内容低俗，诱惑力极强，对儿童的身心健康会产生极坏的影响，甚至诱发犯罪。

🚫 安全守则 ❯❯❯

★ 一定要高度警惕，自觉抵制，不要掉进色情网站的陷阱。

★ 一旦不小心打开了色情网页，要立即关掉，不能关闭时，可强行关机。

27. 接收邮件时

　　现在很多同学都有自己的电子邮箱，足不出户，就能瞬间收取信件，真是方便快捷呀！可你知道这个邮箱里有可能潜伏着"炸药包"吗？

安全守则

★ 当心那些题目诱人的邮件。有些险恶的黑客，往往把病毒隐藏在名字比较诱人的邮件中发给你，一旦鲁莽地打开，电脑就会遭到攻击。

★ 在接收邮件的时候，一定要看清来信的地址，不要随便打开来历不明的邮件。

★ 不要随便打开宣称免费提供价值不菲的物品的邮件，以免造成财产损失。

28. 下载软件时

现在很多同学都是网络高手，经常到网站上下载一些软件。有很多"骗子网站"和"钓鱼网站"，其中很多免费软件是糖衣炮弹，有的设计含有缺陷，有的带有病毒，要时刻保持警惕。

校园安全

🚫 安全守则 ⟩⟩⟩

★ 不要轻易在网站上下载不明软件。

★ 不要轻易在不熟悉的网站或可疑网站上下载软件，需要下载软件时，要选择正规的网站。

⊠ 29. 离开电脑时

当你在电脑前坐久了，一定要站起来活动一下，向远方眺望眺望，到外面走一走。但离开电脑时，可千万别迷糊，想一想，忘了什么？

🚫 安全守则 >>>

　　在学校或其他公共场所上网后离开电脑前一定要关闭QQ、电子邮箱等页面及浏览器，以免你的个人信息保留在电脑上被别有用心之人看到。

1.我好烦，一天到晚都在上学、做作业，怎么办？

我一天到晚都在上学、做作业，还要经常应付各种考试，心里不知道有多烦。

你也许不知道，你能每天坐在教室里上学是件多么幸福的事儿！好多贫困地区或贫困家庭的孩子渴望上学却上不起学。你更不知道，学习对一个人的一生有多重要！

一个人从小学到大学毕业，通常要上16年学。有志向并热爱学习的人还会花上更多的时间去读硕士和博士。花那么多时间上学，是为了系统掌握科学文化知识和现代技术，培养学习、研究和创新的能力，这样才能更好地适应社会的变化，并用自己的所学服务社会，使自己成为一个对社会有用的人才。

上学既然这么重要，你是不是应该注重学习效果，努力学好、学扎实呢？其实老师布置作业就是为了帮助你巩固所学的知识，加深你对所学知识的印象。因为如果你不经常复习，所学知识就会逐渐被忘记。做作业就是帮助你复习和加深记忆的一种需要。

那么，你学习和做作业的效果怎样呢？用考试来检测一下吧！它能帮助你弄清楚哪些知识已经掌握了，哪些知识还需要巩固。你看，考试很重要吧？所以，你一定要认真对待。

2.我现在想学习了，还能跟上吗?

我过去一直贪玩，不爱学习，成绩落下不少，现在看到几个好朋友都变成"学霸"了，我不想没面子，也想好好学习，提高成绩，但又有点儿担心跟不上。

哇！你开始有上进心了，这是好事，我很欣赏你。

你以前没好好学习，功课落下很多，担心再怎么努力也赶不上别人了，其实这种担心是多余的。你要相信自己，学习是一个长期的过程，我们每个人几乎一辈子都在不断地学习。任何时候，只要想学习了，马上开始都不晚。另一方面，你不要忽略自己的潜在能力。只要你真的想学习，方法又得当，经过一段时间的努力和坚持，肯定会赶上别人的，说不定还能超过别人呢！给自己点儿信心，加油！

你可以试着给自己规划一下，列一张计划表，制定不同时期的不同目标。比如，一节课要达到什么目标，一天要达到什么目标，一个星期、一个月、一学期、一年要达到什么目标……最重要的是，你制订完计划，一定要按照这个计划去执行。如果执行过程中发现计划有不合适或不合理的地方，可以适当修改。但一定要坚持下去，别犯懒，别受外界干扰和诱惑，别给自己找不学习的借口。

还等什么，时不我待，快快行动起来吧！

3.我上课发言总是很紧张，声音还发颤，怎么办？

我上课发言老是脸红心跳，有时说话声音都发颤，怎么做才能不这样呀？

其实，不只是你，这种事儿在不少同学身上也都存在。上课发言之所以脸红心跳，主要是因为你心理素质差，又缺乏锻炼。这种情况是可以改变的。

首先，你可以在家里对着镜子大声朗读或唱歌，练到心里不慌了，再请几个邻居或小朋友来看你的表演。等胆子练得大些了，你可以主动在课上发言，有意识地锻炼自己。不过，举手之前先要想好答案，做到心中有数，这样心就不慌了。回答问题时，要把语速放慢些，声音洪亮一些，尽量让大家都听清楚你在说什么。经常在课上回答问题，慢慢地你就不会脸红心跳了。

其次，要尽可能利用各种机会锻炼自己，如多和同学聊天，多参加演讲比赛，多参加学校组织的各种活动。特别是有文艺演出时，你要是能上台表演个节目，那才练胆儿呢！不要怕说错话或表现不好被别人讥笑，其实，善意的笑声会让你发现自己错在哪里，好引以为戒。同时，也可以让父母帮助你多营造一些能够表达自己、展示自己的氛围。

总之，树立起足够的信心，相信自己能行，你就不会再脸红心

心理安全

跳，声音也能变正常了。

4.我一遇到挫折就感觉世界末日要到了，怎样才能像别人那样坚强呢？

别人遇到什么事儿好像都挺坚强，可我一受挫折就承受不了，好像世界末日到了一样。我怎么才能坚强起来呢？

人和人是有差异的，不同的人对外界刺激的反应是不同的，面对挫折，有人坚强，有人脆弱。

坚强还是脆弱，与一个人的意志力和忍耐力有关，也与人的态度和信心有关。意志力强的人，生活态度乐观的人，对未来、对自己充满信心的人，就表现得比较坚强，相反则比较脆弱，经受不起挫折。

你耐挫折的能力差，可能与你的经历有关。如果你在成长的过程中受到过多的保护，从来不知道付出才会有收获，从来是一有不如意就有人出手帮忙，那么你的耐挫折能力肯定不会有多强的。

相反，有的人从小比较独立，善于从失败中摸索、学习，能够在挫折的台阶上继续向上，他们的意志往往就比较强。

你要想变坚强，就向他们学习，从自立、自主开始做起吧！

5.我也很努力，可成绩就是上不去，怎么办?

我很刻苦，在学习上花的时间也比别人多，可成绩就是上不去，谁能帮帮我?

学习成绩不仅与你的努力程度有关，还与你的智力水平、学习方法和学习习惯有关。

人的智力水平有高有低。智力水平较高的人，学习起来相对轻松。但智力水平较低的人，可以通过增加学习时间来完成同样的学习任务，达到同样的学习效果。这就是人们常说的"勤能补拙"。

此外，学习方法很重要，不同的学习方法产生的学习效率是完全不同的。如果你学习时不注意随时梳理、总结整体的知识结构，而是把大量的时间花在个别细节上，就很难建立起适合自己的、有机的知识体系，也就不能灵活运用知识、提高学习效率了。

提高学习效率很重要，大致有以下途径：

● 每天保证8小时以上的睡眠，中午坚持午睡。充足的睡眠、饱满的精神是提高学习效率的基本要求。

● 学习时要全神贯注。玩儿的时候痛快玩儿，学的时候认真学，劳逸结合才能提高效率。

● 坚持体育锻炼。身体是学习的本钱。没有一个好的身体，学习起来会感到力不从心，这样怎么能提高学习效率呢?

● 学习要主动。只有积极主动地学习，才能感受到学习的乐趣。有了兴趣，效率才会提高。

另外，学习习惯也不能忽视。如果你常常一边写作业一边看电视、发短信，或者想着别的事情，看上去在学习上花了很多时间，实际并没有，学习效果肯定很差，学习成绩当然上不去。

6.我不想再抽烟、喝酒、打架……可又怕朋友说我不讲义气，怎么办?

我喜欢跟朋友们在一起，但时间长了，我发现，和他们在一起做的都是坏事，如抽烟、喝酒、打架、偷东西……我心里真不想再做这些事了，可又不好意思拒绝朋友们的邀请，怎么办呢?

明知道不该做的事儿还继续做下去，会让人慢慢失去自控能力，最终越陷越深。你可以找你信任的人说出心里的苦恼，让自己心里舒服点儿，也听听他们的建议。他们多半会告诉你，当有人再邀你做不该做的事儿时，要学会说"不"。如果你不好意思拒绝，就会再次妥协，使朋友认识不到错误，使你们的关系沿着错误的轨迹越走越远。如果这算讲义气的话，还是不讲为好。

一个人讲义气是要有原则的，不能不分对错，只要朋友说的就照做。那些拉你做坏事的人，绝不能算是朋友。所以你要坚决表明你的态度：小孩子抽烟喝酒不好，对身体有害；打架、偷东西是错误的，甚至是犯法的，不能做。如果你能想办法说服他们也不做坏事了，那才是讲义气呢！如果他们不听劝告，你最好与他们断绝来往，结交新的朋友。老师、家长都会支持你这么做的。

7.怎样才有好人缘，才不被人讨厌呢？

下课了，同学们呼啦一下都围到桐桐的身边，有给她带漫画书的，也有给她带明星画片的，还有跟她聊动画片故事情节的，她超有人气！看到她那么受同学欢迎，我感觉自己好孤单，怎么没人愿意理我呢？我也想有好人缘，不想被人讨厌。

有好人缘确实令人开心，不过，要想不被人讨厌，并且拥有好人缘，得自己努力争取。给你些建议，你试试看：

● 主动和同学亲近。你主动和同学打招呼聊天，同学才会和你逐渐熟悉并亲近起来。如果你不主动，别人会以为你很内向或很难接近，时间长了就不愿意和你交往了。

● 尽量宽容大度些。有些同学一遇到事儿就斤斤计较，喜欢生气闹别扭，而且拌两句嘴就不理你；事后后悔了，又不知怎样与你和好。这时，如果你能大度些，主动与其和好，不去计较对错，同学看你这么宽容友善，都会愿意和你交往的。

● 多学课外知识。如果你知识面广，跟同学天南海北地聊天时，说什么你都知道一些，就容易跟人聊得来。这样，朋友自然就多了。

● 多点儿兴趣爱好。兴趣爱好多，就能跟有相同爱好的同学玩儿到一块儿。这样，朋友也会多起来。

● 不说伤人的话。和同学相处，不论是聊天，还是谈笑，不要揭人伤疤，不要冷嘲热讽，待人要真诚。

● 不自私，不自以为是。和同学相处，不要凡事只想自己，要多站在朋友的立场想想，更不要发号施令，有什么事大家一起商量。

8.我跟好朋友吵架了，用什么方法和好呢?

因为一些小事，我跟好朋友吵架了，他不理我了，我现在很后悔。我想与他和好，又拉不下面子，用什么方法好呢?

你和好朋友吵架后，心里一定很难受吧?

如果你想尽快与朋友和解，又放不下架子，有一些实用的方法你可以试试:

一是可以写个小纸条，把当面不好意思说的都写在纸上，比如

"对不起，我不想和你吵架，但当时情绪有点儿失控，都是我的错，请你原谅我吧"；

二是可以发短信说你当面难以启齿的话；

三是可以悄悄地帮朋友做点儿事情，送个小礼物，或从家里带点儿香蕉、橘子等水果给他，用实际行动表达你的心意，这样就能化解你们之间的尴尬了。

其实，吵架没有绝对的谁对谁错，率先表现出高姿态，朋友看你那么主动和大度，也会在心里反省自己的过失，然后接受你的道歉。

解铃还须系铃人，有了矛盾不要逃避，要拿出勇气面对和解决，用你的真诚打动朋友，这样你们就会和好如初了。

9.好朋友误解我了，我很委屈、很难过，怎么办？

我的好朋友婷婷最近对我爱搭不理，我很难过，但又不知为什么。一个偶然的机会，我才听说，原来婷婷误会我在老师面前告了她的状。可我是被冤枉的，所以我现在心情很不好，该怎么办呢？

被人误解或冤枉是常有的事儿，这的确让人难受，但如果你觉得自己没做错什么，没必要费口舌去解释，就此也不理误解你的人了，这不仅解决不了问题，还会使情况变得更糟，直到你们的关系彻底变僵。假如你不想失去婷婷这个朋友，最好尽快找机会跟她解释清楚，消除误会，尽早和解。如果误会不能马上消除，你也要看开一些，相信事情总有水落石出的一天，不要因此封闭自己或委曲求全，承认自己没做过的事儿。相信只要你有足够的诚意，婷婷迟早会与你和好的。

10.我在暗恋班里一个女生，我能跟她表白吗？

我在暗恋班里一个女生，她人长得漂亮，能歌善舞，每次学校联欢，她都是压轴的。我看她表演时，眼睛都不舍得眨一下。可我不知她喜不喜欢我，我能跟她表白吗？

你说你暗恋一个女生，我想这也许不是暗恋，只是一种很单纯的倾慕和喜欢而已。从你的描述中可以看出，你对异性的感情很纯真，只是欣赏她的相貌和才华而已。

小学期间喜欢上一个异性同学是很正常的。这说明你正从"以自我为中心"的世界里走出来，慢慢地开始理解别人，愿意和别人交朋友。出于好感或好奇，你想了解她、接近她，但又因为她太耀眼而心生胆怯。

要知道，喜欢和恋爱有相同之处，也有不同之处。这两种情感都是积极的，都表现为接纳对方并愿意和对方在一起。但喜欢是一般性的情感，更多的属于友谊。恋爱则更为专一，更多的属于爱情，它的目标是婚姻。一个人可以同时喜欢很多人，和很多人交朋友，但不能同时和很多人谈恋爱，更不可以同时和很多人结婚。

在你这个年龄谈恋爱还太早，跟她表白也不会有结果。所以，最好不要向她表白。至于谈恋爱，那是成年以后的事儿啦。

11.有的男生想要接触我的身体，我要怎么做才好？

我现在是小学6年级的女生了，不知为什么，时常被男生捉弄。有时，周围没有别人的时候，有的男生还想摸我或拥抱我。我该怎么做好呢？

小学高年级的学生，到了青春期，对异性都充满好奇，但并不了解异性。所以胆大一点儿的男生，就会做一些恶作剧，想以此来多接触女生。你可能比其他女生发育早，男生对你的好奇就多些。这时，你千万不要因为不好意思拒绝，就同意男生的要求，这种要求是非礼的。如果你允许他碰你的身体，下次他就会想和你有更多的肢体接触。如果是喜欢你的男生对你提出这方面的请求，你也要回绝他，不要怕他不高兴。如果他真的喜欢你、关心你，就会尊重你的意见，接受你的拒绝和建议；如果他不顾你的感受，使用暴力，你要及时告诉老师或父母，甚至可以打"110"报警。以后，要避免和他单独在一起，并和他断绝往来。如果你也好奇，答应和他一起做越轨的事儿，一定会尝到苦果，并有可能为此付出惨痛代价。

12.老师私下总对我做些亲昵的动作，我讨厌这样，怎么办?

我们学校有一个老师，老是留下我帮他批改作业，等大家都走了，就跟我拉拉扯扯，做些亲昵的动作。我不敢叫，也不敢跟爸爸、妈妈说，可我讨厌老师这样。

这个老师的行为已经属于性骚扰，如果你不敢对他说"不"，他会一直找机会骚扰你，而且会变本加厉，甚至会升级到性侵害。这对你非常不利，也非常危险。建议你及早跟父母说清楚，让父母找学校领导对那个老师采取措施，制止他再犯同样的错误。

陌生人对你进行性骚扰，容易引起你的戒备，但身边的熟人，如老师、同学、邻居、亲友等对你进行性骚扰，你反而容易放松警惕。所以，在这些认识的异性面前，你不要穿得太单薄、太暴露，也不要和他们有过于亲密的肢体接触。对异性的挑逗，你要坚决说"不"，还要及时告诉父母。如果有必要，可以请求保护未成年人的机构保护自己，也可以向公安机关报警。

13.她什么都比我强，我很嫉妒，怎么办?

小娜长得漂亮，学习好，好多男生都喜欢她，女生也很羡慕她。可我却不以为然："切，有什么了不起！"同学们看到我这样，都说我吃不到葡萄说葡萄酸。我真嫉妒她，怎么谁都喜欢她?

你有嫉妒心理是因为你某些方面不如小娜，可又不甘心落后。其实，每个人都有嫉妒心，只是有的人嫉妒心强，有的人嫉妒心弱。嫉妒心强的人由于害怕别人比自己强，或者自己想赶超别人又赶超不了，就会情绪低落，甚至烦躁，产生偏激心理，专记别人的缺点，不记别人的好处，还出言讽刺挖苦，对人冷淡。

如果你也这样，说明你的嫉妒心很强，把比你优秀的人变成了假想敌，这会让你浑身带刺，使别人都讨厌你、远离你。要想改变这种情况，建议你改变心态，正确看待别人的长处和自己的短处。你可以努力赶超别人，但同时也要明白，不是所有弱点努力后都能消除，所以，即使你赶不上别人，也不用自卑。你只要清楚自己的优势是什么，并将这种优势尽量发挥到最大，别人是会看到并认可的。

另外，要大度，看待一个人一定要多看别人的长处，包容别人的不足，那样你也会成为一个受欢迎的人。

14. 小孩一定要听大人的话吗，他们就都对吗？

妈妈对我要求特别多，让我什么都听她的，比如每天做完作业再玩、吃饭不能出声、九点洗澡、九点半上床、十点睡觉、看动画片不能超过半小时……我好像什么事情都不能自己做主。小孩一定要听大人的话吗，他们就都对吗？

你问得好。这说明你开始思考问题了。我也问你一个问题：我们为什么能过上现代化的生活？也许你没认真想过这种问题，也许你觉得一切都是顺理成章的。但你知道吗？无数上一代的"大人们"经过不懈的探索研究，把自己的宝贵经验传授给下一代，下一代吸收利用并加以创新，才有了那么多的发明创造。我们身边的大人们，既汲取了他们上一代的宝贵经验，又有自己的生活实践，从中积累了宝贵的知识和经验，其中有成功，也有失败。这些经验，大多数情况下会对你的人生有指导作用，让你少走弯路。如果你听了大人的话，再有意识地去体验和总结，就可以把它变成自己的人生经验，那将是你一生受用不尽的宝贵财富。

儿童安全大百科

15. 我一玩电脑游戏就上瘾，怎么才能控制住自己呢？

最近，我迷上了电脑游戏，尤其是网络游戏，一玩就上瘾，怎么也收不了手。

这是因为，网络游戏是多人参与的网上电子游戏。平时你在电脑上玩游戏，游戏都是设计好的，你玩过一关还有下一关，要想通关，得过完规定的关数。过关的过程中，你可能会得到积分或奖赏，级别也越来越高，体验到一种特殊的兴奋与满足，这使你上瘾。不过，自己一个人在电脑上玩儿，拼的是自己的智力水平，虽然有些游戏也能与电脑竞赛，但毕竟是人与机器的对抗，乐趣少些。而网络游戏则可以同时和很多人在线玩儿，它是人与人的对抗，更有趣味性和挑战性，更让人兴奋。而且，由于有网友牵绊，即使你想停止游戏，网友也不干。加上有些网络游戏还能让你具有现实中没有的超能力，这给你带来很大的成就感，尤其使你兴奋。但这种兴奋会因为不断的刺激而减弱。因此，为了达到同样程度的兴奋，需要的刺激量会逐渐增加。于是，你玩游戏的时间就越来越长，玩的程度也越来越激烈，最后欲罢不能。

要想控制自己玩游戏的欲望，就得有一定的自制力。你要选择健康的益智游戏，对那些充满暴力、血腥等不良内容的游戏，要坚决抵制。同时要给自己规定玩游戏的时间，比如固定在完成作业后玩半个小时，并让爸爸、妈妈监督自己，时间一到，立刻断网。坚持一段时间，你就能控制住自己了。

一 心 理 安 全 一

要想完全从内心深处摆脱游戏的诱惑，你还需要找到现实世界中能够吸引你的注意力、激发你兴趣的事情来做，比如打球、游泳，以此填满你的业余时间。你还可以给自己设立个每次进步一点点的考试目标，当你达到目标的时候，你就会获得虚拟世界给不了你的那种真正的成就感，从而对生活充满信心。

16.我的理想跟父母希望的不一样，怎么办？

我从小就崇拜大明星，总梦想着自己有朝一日也当明星，让大家都认识我、崇拜我。可爸爸、妈妈觉得眼下还是好好读书，将来考个好大学才更现实些。他们不管我愿不愿意，就想方设法让我学这学那。可我的理想和父母希望的不一样，怎么办呢？

其实，很多孩子都有和你类似的经历和烦恼。就说贝多芬吧，他从4岁开始，就被父母硬拉去学弹钢琴，结果没像父母期望的那样变成钢琴家，却成为著名的作曲家。

比较好的解决办法是你一面学好功课，一面充分展示自己的艺术才能，让父母认可你将来在这方面大有可为，父母就会理解你、支持你，并成为你实现理想的助力。但如果你只是贪图明星耀眼的光环，而并没有什么艺术天赋的话，还是应该把不切实际的想法打消，好好学习，根据自身特点，寻找适合自己的奋斗目标，然后跟父母好好沟通。只要是合理的请求，父母会支持你的。

17.如果爸爸、妈妈离婚，他们还会爱我吗?

爸爸、妈妈要离婚了，我觉得自己会很不幸，从此可能再没人爱我了。

你的爸爸、妈妈要离婚，可能是因为他们感情不和，也可能是他们希望追求自己喜欢的生活。这无可厚非，每个人都有追求幸福和自由的权利。但对于家庭来说，离婚毕竟是不幸的事，它意味着一个家庭的解体，特别是对于你这么大的孩子，爸爸、妈妈要离婚，会让你的生活彻底改变。你一定很难过、很苦闷吧? 那就大声哭出来，别憋在心里，这能帮你减轻心理压力。如果你能和爸爸、妈妈谈谈，把你的感受告诉他们，让他们认真考虑，别一时冲动做决定，也许他们会和好。

但当你无论怎么努力也无法挽回爸爸、妈妈的婚姻时，那说明他们真的不适合在一起了。因为婚姻是美好的，但没有爱情的婚姻是痛苦的。所以，即使无奈，你也要学会面对生活的变故，学会接受现实。你肯定不希望看到父母痛苦一辈子吧?

不过，你也不用过分担心，你的爸爸、妈妈即使离婚，也还会爱

心理安全

你的，你永远是他们的孩子，他们永远是你的爸爸、妈妈。

18.爸爸既懒惰又对妈妈不好，甚至还动手打妈妈，我讨厌他，怎么办？

爸爸可大男子主义了，在家什么活都不干，还经常对妈妈大吼大叫，甚至动手打妈妈。他上一天班，妈妈也上一天班呀！妈妈回到家后做饭、洗衣服、打扫卫生，还要帮我补习功课，一刻不停地忙，爸爸都不知道脸红吗？我讨厌他！

爸爸不尊重妈妈，确实不对。你讨厌他，说明你有朦胧的正义感和同情心。不过，爸爸有缺点，你可以帮助他，而不能讨厌他，不然只能让你的家庭关系更加恶化。而且，他毕竟是你的爸爸呀！如果你理解妈妈，同情妈妈的处境，就要安慰妈妈，经常逗妈妈开心，尽量帮妈妈做些力所能及的家务事，而且要努力学习，让她少为你操心。另外，你最好和爸爸认真地谈谈，让他知道他这么对妈妈，不仅让妈妈伤心，也让你痛心。爸爸可能是因为工作上压力大，又辛苦劳累，有时情绪失控，他那样对妈妈后，心里也会后悔，只是过后一累又犯了同样的毛病。对此，你也要理解。不过，还是要告诉爸爸，妈妈工作也有压力，回家还要承担那么多的家务，很辛苦，作为男子汉，应该保护妈妈、爱护妈妈，拿压力作借口、粗暴地对待妈妈是不对的。

无论怎样，一家人都应该相互体谅，这样家才能变得温馨、和谐。

19.别的同学什么都有，我却什么也买不起，好想家里有很多钱，怎么办?

有的同学总是坐着小汽车来上学，书包、文具都是名牌，而且要什么家里就给买什么，零花钱也多。这些我都没有，因为家里条件不好，连买个像样点儿的文具妈妈都不答应。我好羡慕那些同学，也好想家里有很多钱。

有钱确实好，可以想买什么就买什么，也能让生活变得丰富，想干什么就干什么。这也是人们喜欢钱的原因。但挣钱多少与人们的工作有很大关系。有人从事的行业，收入普遍较高；有人从事的行业，收入普遍较低。职业不同，收入就不同。即使职业相同，如果岗位不同，收入也不一样。你家钱少，可能跟你爸爸、妈妈的工作有关系。要想挣钱多，就得想办法换工作，或者多做几份工作。不过，如果你强求父母做他们做不来的事情，就说明你有些自私了。太看重金钱，又时常跟别人攀比，可能会让你滋生虚荣心，不利于你的品德培养和人格塑造。如果你只是想让家里生活宽裕些，那就要从现在开始好好学习，增长本领，将来走上社会，能凭自己的本领去挣钱，这样，既为社会做了贡献，又能让爸爸、妈妈过上好一点儿的生活。

20.爸爸又结婚了，我讨厌新妈妈和小弟弟，也讨厌爸爸，怎么办?

我的爸爸、妈妈离婚后，爸爸娶了新妈妈，生了小弟弟。现在，爸爸让我干这干那，还逼着我学习，我开始有点儿讨厌他了，而且他好像只喜欢新妈妈和小弟弟了。不过，我最讨厌的还是新妈妈和小弟弟，是他们抢走了爸爸对我的爱。

遇到这种情况，你如果能换一种心态，站在爸爸的立场上想想，也许你会发现，自从新妈妈进门，爸爸变得很幸福、很开心。新妈妈虽然生了小弟弟，其实对你也不差，你如果放弃对新妈妈的成见，不嫉妒爸爸疼爱小弟弟，甚至帮忙照顾小弟弟，一方面可以增进兄弟感情，另一方面更容易让新妈妈接纳你、亲近你，并且逐渐像亲妈妈一样疼爱你。家庭和睦了，你的爸爸也会因你懂事而更加疼爱你。